气象为新农村建设服务系列丛书

农村建筑与气象

李永华　郑秀琴　编著

气象出版社

图书在版编目(CIP)数据

农村建筑与气象/李永华,郑秀琴编著.—北京:气象
出版社,2008.3(2015.9重印)

(气象为新农村建设服务系列丛书)

ISBN 978-7-5029-4465-0

Ⅰ.农… Ⅱ.①李…②郑… Ⅲ.气象条件-关系-农村
住宅-问答 Ⅳ.TU241.4-44

中国版本图书馆 CIP 数据核字(2008)第 018457 号

出版发行:气象出版社
地　　址:北京市海淀区中关村南大街 46 号
邮政编码:100081
网　　址:http://www.qxcbs.com
E-mail:　qxcbs@cma.gov.cn
电　　话:总编室 010-68407112,发行部 010-68409198
总 策 划:刘燕辉　陈云峰
策划编辑:王元庆　崔晓军
责任编辑:王元庆
终　　审:周诗健
封面设计:郑翠婷
责任技编:刘祥玉
责任校对:牛　雷
印 刷 者:北京奥鑫印刷厂
开　　本:787 mm×1 092 mm　　1/32
印　　张:2.25
字　　数:51 千字
版　　次:2008 年 3 月第 1 版
印　　次:2015 年 9 月第 3 次印刷
印　　数:11 801~14 800
定　　价:8.00 元

《气象为新农村建设服务系列丛书》

编委会

主　编：刘燕辉

副主编：陈云峰

编委（以姓氏笔画为序）：

王元庆　　李茂松　　陆均天

郑大玮　　郭彩丽　　崔晓军

序

　　我国是一个农业大国,农村经济和人口都占有相当大的比例,没有农村经济社会的发展,就没有整个经济社会的发展,没有农村的和谐,就难以实现整个社会的和谐。党的十六届五中全会提出了建设社会主义新农村的战略部署,这是光荣而又艰巨的重大历史任务,成为全党全国人民的共同目标。农业安天下,气象保农业。新中国气象事业始终坚持为农业服务,几代气象工作者为我国农业生产和农业发展努力做好气象保障服务,取得了显著的成绩,得到了党中央、国务院的充分肯定,得到了广大农民的广泛赞誉。建设社会主义新农村对气象工作提出了新的更高的要求,《中共中央·国务院关于推进社会主义新农村建设的若干意见》(中发〔2006〕1号)明确提出,要加强气象为农业服务,保障农业生产和农民生命财产安全。《国务院关于加快气象事业发展的若干意见》(国发〔2006〕3号)也要求,健全公共气象服务体系、建立气象灾害预警应急体系、强化农业气象服务工作,努力为建设社会主义新农村提供气象保障。为此,中国气象局下发了《关于贯彻落实中央推进社会主义新农村建设战略部署的实施意见》,要求全国气象部门要围绕"生产发展、生活宽裕、乡风文明、村容整洁、管理民主"的建设社会主义新农村的总体要求,按照"公共气象、安全气象、资源气象"的发展理念,积极主动地做好气象为社会主义新农村建设的服务工作。要加强气象科普宣传力度,编写并发放气象与农业生产密切相关的教材;要积极开展新型农民气象科技知识培训,大力提高广大农民运用气象科技防御灾害、发展生产的能力；要开办气象知识课堂，定期、不定期对农民开展科普培训；要加强农村防灾减灾和趋利避害的气象科普知识宣传，对学校开展义务气象知识讲座，印制与"三农"相关的气象宣传材料、科普文章和制作电视短片等。

　　气象出版社为深入贯彻落实中国气象局党组关于气象为社会主义新农村建设服务的要求，结合中国气象局业务技术体制改革，积极推进气象为社会主义新农村建设服务工作，并取得实实在在的成效，组织全国相关领域的专家精心编撰了《气象为新农村建设服务系列丛书》。该套丛书以广大农民和气象工作者为主要读者对象，以普及气象防灾减灾知识、提高农民科学文化素质和气象工作者为社会主义新农村建设服务的能力为目的，行文通俗易懂，既是一套农民读得懂、买得起、用得上的"三农"好书，又是气象工作者查得着、用得上的实用服务手册。

中国气象局局长　郑国光

2007 年 5 月

目 录

1. 建筑气象学是一门什么样的学科？

建筑气象学是一门以气象学、建筑学、建筑环境工程学等理论为基础的综合学科，它通过研究建筑与气象的关系，在进行建筑气候区划时，提供各地区的建筑气候特征，促使建筑适应当地气候条件，从而提高建筑技术质量的学科。它不仅为城市规划、环境设计、建筑设计提出了可靠的资料，而且为建筑法规甚至建筑技术政策的制定提供了重要的依据，同时对指导建筑业生产、加速建设速度、避免建筑施工过程中由于天气原因造成灾害也有很大作用。此外，建筑气象学在给排水工程、水利工程、铁路工程、邮电工程以及国防建设等方面有着广泛的用途。

2. 建筑行业为什么要考虑气象的因素？

建筑行业是对气象因素非常敏感的行业。首先，建筑物的设计、建筑材料以及施工过程，必须考虑当地天气、气候条件的影响；其次，建筑项目，特别是重大工程项目，主要在野外作业，受天气气候的影响非常大，如果缺乏足够的认识和未掌握充分精确的气象资料，一旦遭遇比较严重的天气、气候灾害，建筑部门只能被动地蒙受重大损失。据国外研究表明在合理利用气象情报和天气预报对策条件下，这些损失至少有40%以上是可以预防和避免的。美国曾做过统计分析，结论认为若能适当利用有利天气，至少可节省 10%～17% 的消耗，或者说增加利润 50%～100%，收益与付出之比高达 40：1。而在德国统计因利用天气预报获利为建筑投资总额的 2%～3%。因此，建筑行业考虑气象因素，不仅对建筑规划有利,而且可以避免在施工过程可能遇到的气象灾害。

3. 民间建房讲究风水,有科学道理吗?

一提起建房,人们自然就会想起风水先生或者提到风水问题,那么,风水有科学道理吗? 其实,民间所说的风水蕴含着一定的科学因素,它包括有地理学、地质学、星象学、气象学、景观学、建筑学、生态学以及人体生命信息学等多种学科,它讲究房屋的朝向、依山傍水、因地制宜、避免地质、水质等问题,对现代建筑学产生了一定程度的启发。从这些方面而言,民间建筑讲究风水,具有一定的科学道理。

4. 我国的建筑为什么大多数要选择"坐北朝南"?

我国位于北半球,太阳东升西落。在冬季,太阳高度角较小,阳光斜射,朝南的门、窗可接受更多的太阳光,从而提高室内温度和采光度。而在夏季,太阳高度角增大,阳光直射,对于朝南的房子,阳光从门、窗射入屋内的机会较少,故有利于夏天室内保持凉爽。另外,我国位于东亚季风区,夏季盛行南到西南风,冬季盛行西北风,所以,房屋"坐北朝南"是最佳选择,炎夏时有凉爽的南风,冬季又避开寒冷的北风,确保了室内的冬暖夏凉。而坐南朝北的房子则恰恰相反,冬季一方面接受的光线少,还饱受西北风吹,不利于提高室内的温度,而夏季房子又挡住了凉爽的东南风,正所谓冬冷夏热。

另外,由于地理位置、地形的不同,以及受地形影响形成的局地气候条件(例如风向等气候条件)的差异性,有些地方的房子并不是"坐北朝南",如在一些山区,由于地形和坡向的影响,房子并不能"坐北朝南";而在南方一些地区,如北回归线以南的地方,太阳接近于直射,从降温除湿的角度出发,房子并不完全是"坐北朝南"。

5. 农村盖房选址时要注意哪些问题?

农村盖房是大事,要考虑的问题有很多,首当其冲的就是选址的问题。人们在选择住宅等建筑地址时,首先考虑这个地方的地质结构是否坚实,对泥石流、地质滑坡易发区等地质结构不稳定区域应谨慎而为之,还要注意一些松土坡或山石砬子下,都是存在隐患的地方,都不易于选址建房。

其次要注意该地区的气候变化是否剧烈,通过气象部门了解气候极端值,如最大年降雨量或降雪量、一日最大降雨(雪)量、最大冻土深度、极端气温值、年雷暴日数、主导风向、极端最大风速以及各个气象要素值的气候保证率等。

另外,还要考虑周围环境质量,是不是处于工业区的下风口,空气质量是否优劣,是否存在有危害人体健康的放射性元素以及地下水位是否浸入室内等。

6. 选择住宅时,哪些位置不宜建房?

随着交通的不断发展和公共设施的不断完善,各种设施也会对人们的住宅带来影响。在选择住址的时候,除了地质、气候等因素外,还要注意以下几个地方不适宜建房。

(1)交叉的大路旁和铁路旁。因为大道的交叉处汽车流量较大,噪声也大,而且尘土飞扬。另外,铁路旁火车的速度很快,而且高速往来的火车会产生很强的气流旋涡,汽笛鸣叫,使人不能安定,居住于此,对人身体健康和日常起居多有不便。

（2）高压电塔和电台电视塔旁。因为这些地方会产生很强的电磁波，如果人体长期接触这种较强的电磁波，就会使人的神经系统和免疫系统受到破坏，可能会引起多种较严重的疾病。因此，这些地方最好不要居住。

（3）加油站旁，加油站是火灾隐患区，加之车辆往来噪声很大，会使居住者烦躁不安。

（4）位于玻璃幕墙的对面。一方面感觉有一种压抑感，一方面，受阳光反射，形成光污染，对人体健康不利。

7. 泥石流的发生与暴雨过程有什么关系？

选址时要切记不能选在泥石流易发区，那么什么是泥石流？它与暴雨过程有什么样的关系呢？泥石流是一种含有大量泥沙、石块等固体物质的洪流，当它突然爆发时，来势凶猛，历时短暂，具有强大的破坏力。

泥石流的发生除与地形和地质条件有关外，暴雨是诱发的重要因素。凡是山高坡陡，沟壑纵横，植被较差、土层薄，没有高大森林，也没有灌木丛林的山地，当遇有暴雨或大暴雨时，最容易发生泥石流。据福建南平地区调查，在容易发生泥石流的地形和地质条件下，24小时雨量达140毫米以上时，就有可能诱发泥石流。降水越强，出现泥石流的机会越多，灾害也越严重。当24小时雨量达300毫米以上时，会诱发形成较重和严重的泥石流。

泥石流并不一定在一次暴雨过程结束以后才发生，而往往在暴雨过程中由于短时间内强降水诱发形成。当日雨量达140毫米以上的暴雨过程中，如若出现1小时、3小时和6小时最大降水分别为40毫米、80毫米和100毫米以上就会诱发泥石流发生。而当日雨量达300毫米以上时，若出现1小时、3 小时和 6 小时最大降水量分别为 60 毫米、100 毫米和 200 毫米以上,会诱发形成较重或严重的泥石流。1988 年 5 月 21 日发生在闽北地区的一次严重泥石流,就是在特大暴雨过程中,1 小时最大降水量达 68.7 毫米,4 小时 20 分内最大雨量达 141.7 毫米的情况下形成的。

但是如果暴雨过程发生前期先有较长时间降水的情况下,由于土层含水量饱和,径流系数加大,汇流时间缩短,又遇突发性强暴雨,就更容易发生泥石流。因此,汛期季节是泥石流发生的主要季节。

泥石流是一种危害很大的自然灾害,近年来在我国各地时有发生。因此,积极做好预防泥石流的发生是一项十分重要的工作。为了防止和根除泥石流的发生,必须根据当地地质地貌情况,进行植树造林,修建导流堤、拦挡坝和停淤场等措施。另外,加强对地质条件的调查、分析、研究。加强对天气预报的了解,掌握好雨量情况,及时做出综合分析判断,注意采取早期和应急防范措施,以避免和减少泥石流灾害所造成的损失。

8. 建筑物采光与街道方位有什么样的关系?

建筑物的采光条件与街道方位有关。这是因为街道方位影响到建筑物的朝向,进而影响到建筑物的采光条件,如北半球朝北的房屋,光照条件较差。为了保证居住区街道两侧所有建筑物都有较好的日照条件,城镇街道宜采取南北向和东西向的中间方位,即街道与子午线成 30°～60°的夹角。

9. 为什么街道走向的设计需要与当地的风向成一个夹角呢?

街道走向如果正对风向,风在街道上空受到挤压,风力加大,就会成为风口,如有大风天气发生,则会在街道内造成一定程度的风灾,对建筑物、广告牌等造成不利影响。如果街道走向与风向垂直,那么街道两旁的建筑物就会正对风向,迎风的建筑物则会受到风的侵蚀,而风在建筑物受到阻挡,向下垫面走形成湍流,会对地面的物体造成危害,因此街道走向最好与当地盛行风向之间有个夹角。

10. 风向风压与城市规划有什么样的关系?

风向决定了污染物的传输方向。为了尽可能减少工厂排出的烟尘对居住区的污染,在全年只有一个盛行风向的地区,工业区常设在盛行风向的下风侧,居住区在其上风侧,以避免工业区向大气排放的有害物对居民区造成影响;在季风区,由于冬季和夏季的风向基本上相反,故将工业区布置在最小风频的上风方位,而把居住区设在最小风频的下风方位,使居住区的空气受污染的程度最小。因此,在城市规划时一定要考虑当地的风向。

风压是建筑结构设计中侧向载荷的一种主要基本数据,建筑设计中必须考虑风荷载。风压是垂直于气流方向的平面上所受到的压强。在设计中,若风压取值偏低,则建筑物的安全就无保障;若取值合理,则既安全,又可以节约资金。

11. 农村盖房是越高大越好吗？

在农村盖房子、娶媳妇是头等大事，从传统的观点看，房子越高大越好，但是这样的房子在造型和结构上都不尽合理，保温隔热效果差。特别是冬季，既造成大量热能散失，又削弱了保温功能。在房屋取暖材料上许多人盖房子时用煤取暖，用烟囱消除煤气，这样既浪费能源，又污染环境，而且如果烟囱使用不当，还容易造成煤气中毒等问题。所以农村盖房不是越高大越好，而是要从房屋的性能上考虑盖房，既要考虑冬季保暖和夏季通风，还要注意节能环保。

12. 为什么农村盖房大都选在春季？

这是因为冬季气温下降，土壤受冻，正所谓"天寒地冻"，低温不利于建筑材料的保养，而且也影响建筑施工的进程；而夏季雷雨天气较多，降雨集中，降雨日数较多，降雨量大，在高温高湿的共同作用下，不仅影响施工的进度，同时也容易造成建筑工人中暑、遭受雷击等意外问题；秋季天高气爽，是收获的好季节，大部分的农民都忙于秋收而无暇盖房。反而春季惊蛰过后，大地回暖，万物复苏，另外春季较旱，降雨日数少，有利于工程进展，"一年之计在于春"。因此，农村盖房大都选在春季。

13. 我国的楼群规划设计中为什么要考虑"北高南低"？

我国地处北半球，北半球冬季太阳辐射方向来自南方，而寒冷空气又来自北方，因此，在建筑群的设计上要同时考虑到这两个基本气候因素的环境效应,宜将不同建筑物的楼高设计成"北高南低"的分布,至少南边的楼房高度要比北边的矮一层。这样既可以保证北边楼房低层住户的阳光和日照,又可以利用建筑群构成的"北高南低"的人工地形,有效地阻挡住冬季寒冷气流的袭击,同时,到了夏季,也有利于偏南气流长驱直入地形成更多的"穿堂风"。

14. 选择宅基地时,从防雷安全的角度出发要注意什么?

从减少遭雷击的角度来看,应将该房舍的位置选定在"非易雷击区"。如果房址选择没有考虑这个问题,而将房址选定在"易雷击区",那以后房子就可能要遭受更多的雷击了。

"易雷击区",就是容易发生雷击的地区。这样的地区的几个主要特点是:地形位置较高,突出于周围地貌;邻近潮湿和水草地区;处于上升气流的迎风面方向;地下有金属矿藏的地区;从以往经验了解常常遭雷击的地区等等。

房舍位置的选择应避开上述"易雷击区"。否则,就需要安装更多的防雷保护装置,从而投入更多的费用。此外,房舍位置的选择还要避开电力系统的高压输电线路,不宜将房舍建在高压输电线路的下面和近旁,而应离开一定的距离。输电线路的电压越高,离开的距离应越大。具体要离开多远,要取决于输电线路的电压和当地的地形条件。

15. 哪些地方容易遭受雷击?

年平均雷电日能提供一个区域雷电活动的情况。事实上,即使在同一地区内,雷电活动也有所不同,可能有些局部

地区,雷击要比邻近地区多得多。容易遭受雷击的地方一般有以下几种类型:

(1)雷击位置经常在土壤电阻率较小或土壤电阻率变化明显的土壤上,如:金属矿床的地区、河岸、地下水出口处、山坡与稻田接壤的地上和具有不同电阻率土壤的交界地段;在湖沼和地下水位高的地方也容易遭受雷击。

(2)地面上高耸突出的建筑物容易遭受雷击。在旷野,即使建筑物并不高,但是由于它是比较孤立、突出,因此也比较容易遭受雷击。在田野里供休息的凉亭、草棚、水车棚等遭受雷击的事故是很多的。

(3)建筑的结构、内部设备情况和状态,与是否遭受雷击都有很大关系。金属结构的建筑物、内部有大型金属体的厂房,或者内部经常潮湿的房屋,如浴室等,由于具有很好的导电性,都比较容易遭受雷击。

16. 建筑施工过程中要考虑的气象因素主要有哪些?

气象条件对建筑施工的影响不容忽视,因此在建筑施工过程中,需要注意考虑气象要素,主要包括:(1)降雨(降雪)资料:全年降雨量、降雪量、一日最大降水量、雨季起止日期、年雷暴日数等。根据这些资料制定雨季施工措施,预先拟定临时排水设施,以免在暴雨后淹没施工地区。(2)气温资料:年平均气温、最低气温、最冷和最热月的逐月平均气温、冬夏室外计算温度≤−3 ℃、0 ℃、5 ℃的天数及起止日期。根据这些资料制定防暑降温或冬季施工的具体措施,估计混凝土、沙浆强度增长时间。(3)风的资料:风速和风的频率,≥8 级风全年天数。风的资料通常绘成风向玫瑰图。据此分析主导风向,用以确定临时性建筑和仓库的位置,生活区与生产性房屋相互间的位置;分析风速用以确定风压对建筑物的荷载影响,以便对高空作业及吊装工程采取措施,保证施工安全。(4)其他资料:相对湿度、雷暴日数等。

17. 建筑施工过程中为什么要考虑气温的影响?

气温对建筑物影响很大,直接决定着建筑热工性能计算,包括取暖和空调负荷计算,从而决定着建筑物外围护结构保温或隔热设计和建筑室内通风或空调的设计等。室外施工的最适宜温度是10~25 ℃,低于5 ℃或高于32 ℃,施工的效率迅速降低。当气温低于0 ℃时,影响挖掘,使未防护水管冻结,影响供水;使堆料冻结,增加运输困难;影响材料供应,损害灰浆无法砌砖;影响混凝土浇筑和固化,延迟刷油漆、抹灰泥、贴瓷砖。当气温高于30 ℃时,沙浆易失水,影响黏结度;当气温高于25 ℃时,混凝土养护需增加洒水次数和缩短时间间隔,且易断裂。另外,高温还会增加人员体力消耗,引起施工人员身体不适,甚至中暑昏厥影响施工效率。

18. 气温条件对建筑装修工程有哪些方面的影响?

建筑装修工程环节主要包括:屋顶铺油、沥青、建石台、裱糊、饰面、刷面、刷石灰浆、喷漆等项目。其中(1)屋顶铺油、沥青时,适宜温度需要高于30 ℃,当温度低于15 ℃,溶化质量不够,不易进行,当温度低于0 ℃,油毡发脆沥青不会黏合,停止施工;(2)建石台时,适宜气温须要高于5 ℃,而温度连续5天低于5 ℃时,石台受冻,温度连续5天低于0 ℃,停止施工;(3)裱糊时适宜气温须高于15 ℃,而裱糊温度低于15 ℃,无法施工,当温度低于10 ℃,停止施工;(4)饰面适宜温度需高于 5 ℃,而当饰面温度低于 5 ℃,影响施工质量,当温度低于 4 ℃,施工停止;(5)刷石灰浆适宜温度须高于 4 ℃,而气温低于 3 ℃,灰浆受冻,降水大于 0.3 毫米,墙不粘灰;(6)喷漆时相对湿度须小于 80%,如果相对湿度大于 80% 时,影响漆后的光泽,而相对湿度大于 90% 时,则喷漆不能黏结。

19. 建筑设计过程中为什么要考虑太阳辐射的影响?

太阳辐射对建筑的影响主要表现为以下三个方面:(1)光效应,太阳辐射能中的可见光部分可影响建筑物的采光和室内照明;(2)热效应,太阳辐射通过窗口直射室内,使墙壁增温,从而加强室内空气对人体的辐射影响;(3)紫外线作用,使许多建筑材料,特别是塑料等有机材料老化而损坏。

20. 建筑施工过程中为什么要考虑风的影响?

风对建筑的影响表现在风荷载是建筑设计中的主要荷载之一,直接影响到建筑物的经济、安全和适用;风向和风速关系到建筑物的布局、自然通风效果;风速驱使大雨冲刷建筑物的外壁,使之风化侵蚀等影响。在建筑施工的过程中,风速大时,会使钢架、护墙板、脚手架的作业危险性增加。当风力大于 3 级时,影响主体结构焊接,风力大于 4 级,影响砌墙,限制或妨碍高架起重机和塔吊作业,风力在 5 级以上应停止作业,并实施加固。

21. 建筑施工过程中为什么要考虑降水的影响?

建筑施工过程中要考虑降水因素,主要是因为:(1)降水量和降水强度关系到屋面、地面和地下排水系统的设计;(2)

雨水通过墙壁上的缝隙向室内渗透时导致墙体内部发潮,从而降低墙体物理强度;(3)降水会使屋面油毡鼓泡、变形、裂缝,造成渗漏,会使墙面出现斑迹,影响美观,甚至使面层剥落;(4)降水影响室外施工,如影响建筑材料进入场地和运送;妨碍挖掘,造成积水;改变混凝土浇筑时的水灰比,延迟混凝土凝固,降低其强度和耐久性;影响砌砖和室外涂刷、铺设工序,损坏新完成的表面,损毁未及时遮蔽的材料;而出现降雪过程时,能见度低,影响测量,仪器受损,贮存材料受损;影响混凝土浇筑,影响强度降低质量,甚至使混凝土冻结损坏;对已建水平面产生附加负荷;(5)妨碍外场作业,增加建筑工人的现场危险性,降水天气下作业,造成建筑工人体力消耗加大,体能下降较快,另外,如果出现雷雨天气,需要注意防雷击。

22. 建筑施工过程中为什么要考虑空气相对湿度的影响?

(1)相对湿度大时,容易引起建筑材料受潮。许多建筑材料受潮后,导热系数增加从而降低其保温性能,这对冷库等建筑更为重要;(2)湿度过高,会明显降低材料的机械强度,产生破坏性变形,有机材料还会腐朽,从而降低质量和耐久性,潮湿材料上容易繁殖霉菌等,一经散布到空气中和物品上,会危害人的健康,促使物品变质;(3)湿度大时对混凝土养护有利,但贮存的水泥易受潮、易改变物理性质,构件、工具易结霜。

23. 气象条件如何影响建筑高空作业和电焊?

适宜进行建筑高空作业和电焊的气象条件是(1)风力小

于3级;(2)无降水。而当风力大于3级时,焊枪摇摆无法对焊;当风力大于4级时,塔吊操作不便;当风力大于5级时,操作塔吊危险性较大。当出现降雨或降雪天气时,高空结冰,易打滑,人行走不便,易引发事故。因此,高空作业要注意收听天气预报,当出现雷雨大风天气时,要注意安全,必要时应停止一切施工和高空作业。

24. 气象条件如何影响施工过程中的砖瓦工程?

适宜进行砖瓦工程的气象条件是(1)晴天;(2)风力小于3级;(3)平均气温大于5℃。当日降水量大于10毫米时,雨水冲刷沙浆,引起砌体滑动;当风力大于4级时,挂线不易拉直,当平均气温低于5℃,或连续5天低于5℃时,沙浆易受冻。因此,夏季出现暴雨或雷雨大风时,应停止作业施工。而冬季如果出现寒潮降温或低温天气时,要注意采取防护措施保护施工材料的质量,以防影响工程的质量。

25. 温度对混凝土的养护有哪些影响?

养护环境温度高,水泥水化速度加快,混凝土强度发展也快,早期强度高;反之亦然。但是,当养护温度超过40℃以上时,虽然能提高混凝土的早期强度,但28天以后的强度通常比20℃标准养护的低。若温度在冰点以下,不但水泥水化停止,而且有可能因冰冻导致混凝土结构疏松,强度严重降低,尤其是早期混凝土应特别加强防冻措施。

26. 气温对砌筑工程有哪些影响?

(1)气温会影响沙浆的使用。沙浆应随拌随用,水泥沙浆和水泥混合沙浆必须分别在拌和后 3 小时和 4 小时内使用完毕,如果施工期间,最高气温超过 30 ℃,则水泥沙浆和水泥混合沙浆必须分别在拌和后 2 小时和 3 小时内使用完毕。

(2)气温过低砌体会产生冻结,影响沙浆水化,从而沙浆最终强度降低。因此,当冬季期间预计连续 10 天内的平均气温低于 5 ℃时,或非冬季期间,当日最低气温低于 -3 ℃时,都应采取冬季期间施工的措施。如:砖砌筑前应清除冰霜;沙浆宜用普通水泥拌制;水的温度不得超过 80 ℃,沙的温度不得超过 40 ℃;必须在未冻的地基上砌筑时可采用掺盐沙浆法;如在装饰等方面有特殊要求的工程,冬季砌体工程可采用冻结法、蓄热法、暖棚法、电气加热法、蒸汽加热法、快硬沙浆法等;沙浆使用时温度不低于 5 ℃;采用掺盐沙浆法时,砌体中钢筋应作防腐处理;采用冻结法时,沙浆使用温度不应低于 10 ℃;砌筑高度每天不得超过 1.2 米;水平灰缝厚度不宜大于 10 毫米,门窗框上均应留出 5 毫米缝隙;解冻时,应清除房屋中的建材等临时荷载;解冻期应经常对砌体进行观测、检查,并应采取相应的加固措施等。

27. 湿度对混凝土的养护有哪些影响?

湿度通常指的是空气相对湿度。相对湿度低,空气干燥,混凝土中的水分挥发加快,致使混凝土缺水而停止水化,混凝土强度发展受阻。另一方面,混凝土在强度较低时失水过快,极易引起干缩,影响混凝土耐久性。因此,应特别加强混凝土早期的浇水养护,确保混凝土内部有足够的水分使水泥充分水化。根据有关规定和经验,在混凝土浇筑完毕后 12 小时内应开始对混凝土加以覆盖或浇水,对硅酸盐水泥、普通水泥和矿渣水泥配制的混凝土浇水养护不得少于 7 天;对掺有缓凝剂、膨胀剂、掺和料或有防水抗渗要求的混凝土浇水养护不得少于 14 天。

28. 温度和湿度的变化如何引起混凝土的裂缝？

混凝土在硬化期间水泥产生大量水化热，内部温度不断上升，在混凝土表面引起拉应力。后期在降温过程中，由于受到基础或老混凝土的约束，又会在混凝土内部出现拉应力。气温的降低也会在混凝土表面引起很大的拉应力，当这些拉应力超出混凝土的抗裂能力时，即会出现裂缝。

许多混凝土的内部湿度变化很小或变化较慢，但表面湿度可能变化较大或发生剧烈变化，如养护不当、时干时湿，表面干缩变形受到内部混凝土体的约束，也往往产生裂缝。

29. 强对流天气会对建筑物造成什么样的影响？

强对流天气是指出现短时强降水、雷雨大风、龙卷风、冰雹和飑线等现象的灾害性天气，它发生在对流云系或单体对流云块中，在气象上属于中小尺度天气系统。强对流天气会对建筑造成巨大威胁。降水对水泥、沙浆、石灰等建筑材料有破坏作用。雷暴日进行高层建筑施工，容易引起雷击事故。大风对施工的影响主要表现在风力较大时，高空塔吊不能转动自如，甚至可能发生塔吊出轨、翻倒事故。如果地面风在 4级以上，则高空风力会更大，既不利于施工进展，也影响作业安全。在雷暴天气里，当强下降气流冲至地面时便形成了飑线风。飑线风是由若干个雷雨云单体排列而成的一条狭长雷暴雨带。通常，飑线风经过的地方，风向急转，风速剧增，气压陡升，气温骤降，并伴有雷雨、大风、冰雹、龙卷风等灾害性天气,具有突发性强、破坏力大的特点。飑线风在 50～80 米高度时风速最大,破坏力也最强,甚至可瞬间拉倒输电线路,因此发生强对流天气时,高层建筑物中生活或工作中的人以及室外建筑工地的人都应注意加强警惕。

30. 气象条件对不同地区建筑物的建筑风格有什么样的影响?

　　世界气候复杂多样,不同的地区有不同的气候特点,如我国的南北方在气象条件方面就存在着很大的差异。俗话说"一方水土养育一方人",对于建筑风格也是一样,由于气候条件的差异性,房屋的外形、屋顶和门窗的结构也各具特色。气象条件如降水量的多少、风向风速的差异、温度的高低、湿度的大小等都影响着建筑物的设计,如房屋的朝向、屋顶、墙壁以及建筑材料的就地选材等等,这样才可能满足不同地区人们的不同需求。

　　另外还可以充分利用风、太阳等进行自然调节,达到节能和环保的效果。如中国东北、西北和华北的建筑外墙厚,北窗小,街道走向多采用正南正北、正东正西向,以充分利用阳光,解决房屋的采光和取暖的问题;在天气炎热雨季较长的地区,房屋高敞开朗,出檐深,有阳台凹廊,门窗多对着开,以利通风降温;东南沿海城市,街道走向多采用东南朝向,以利用夏季来自海洋的夏季风,而求得凉爽;西南地区的竹楼,可防潮湿和强烈日光照射;新疆吐鲁番地区按小天井院落布局的土拱住宅,既可减少日照,又有良好隔热性能。

31. 降水量如何影响屋面的设计?

降雨多和降雪量大的地区,房顶坡度普遍较大,这可用来加快排水和减少屋顶积雪,如中欧和北欧山区的中世纪尖顶民居就是因为这里冬季降雪量大,为了减轻积雪的重量和压力所致。我国云南傣族、拉祜族、佤族、景颇族的竹楼,颇具特色。这里属热带季风气候,炎热潮湿,竹楼多采用歇山式屋顶,坡度陡,达 $45°\sim50°$,下部架空以利通风隔潮,室内设有火塘以驱风湿。降雨少的地区,屋顶一般较平,建筑材料也不是很讲究,屋顶极少用瓦,有些地方甚至无顶,如撒哈拉地区。我国西北有些地方气候干旱,降水很少,屋顶平缓,一般只是在椽子上铺上织就的芦席、稻草或包谷秆,上抹泥浆一层,再铺干土一层,最后用麦秸拌泥抹平就行了。宁夏虽然也用瓦,但却只有仰瓦而无复瓦,这类房屋的防雨功能较差。

32. 降水量如何影响建筑材料的选取?

由于不同地方降水条件的不同,很多建筑材料需要就地取材,在降水多的地方,植被繁盛,建筑材料多为竹木,如采用砖木结构,则不利于防潮;而在降水少的地方,植被稀疏,建筑多用土石;在降雪量大的地方,雪甚至也是建筑材料,如爱斯基摩人的雪屋。我国东北鄂伦春人冬季外出狩猎时也常挖雪屋作为临时休息场所。

33. 气温对墙壁厚度有什么样的影响?

气温高的地方,往往墙壁较薄,房间也较大,反之则墙壁较厚,房间较小。曾有人通过调查西欧各地的墙壁厚度发现,英国南部、荷兰、比利时墙壁厚度平均为 23 厘米；德国墙壁厚度平均为 38 厘米；波兰、立陶宛墙壁厚度平均为 50 厘米；俄罗斯则超过 63 厘米，也就是愈靠大西洋，墙壁愈薄，反之墙壁愈厚。这是因为欧洲西部受强大的北大西洋暖流影响，冬季气温在 0 ℃以上，而愈往东则气温愈低，莫斯科最低气温达－42 ℃。我国西北阿勒泰地区冬季漫长严寒，这里房子外观看上去很大，可房间却很紧凑，原来这种房屋的墙壁厚达 83 厘米，有的人家还在墙壁里填满干畜粪，长期慢燃，用以取暖。我国北方农村住宅一般都有火炕、地炉或火墙，北方城市冬季多用燃煤供暖。近年来大多已改用暖气管道采暖，有的农村从节能的角度考虑采用节能炕进行采暖。

34. 窑洞为什么冬暖夏凉？

据测量在土墙厚度 80 厘米的房屋内的温度如果为 38 ℃，那么半地下室里的温度只有 26 ℃左右。我国陕北窑洞兼有冬暖夏凉的功能，夏天由于窑洞深埋地下，泥土是热的不良导体，灼热阳光不能直接照射里面，洞外如果 38 ℃，洞里则只有 25 ℃，晚上还要盖棉被才能睡觉；冬天却又起到了保温御寒的作用，朝南的窗户又可以使阳光盈满室内。

35. 为什么在热带地方会把房屋建在林木中？

据估计夏天绿地比非绿地要低 4 ℃左右，在阳光照射下建筑物只吸收 10%的热量，而树林却能吸收 50%的热量。我国云南省元阳县境内有一种特殊的房顶——水顶，平平的屋顶上又多了一汪水面，屋外阳光热辣，屋里却十分阴凉。

36. 气象条件对窗户、屋檐设计有什么样的影响？

　　在气温高的地方,如果日照强、风沙大,则窗户设计较小,这样可以避免阳光直射。如在吐鲁番地区,房屋窗户很小,一方面可以避免灼热的阳光,另一方面也可以防止风沙侵袭。如果降水量大,则屋檐设计较宽大,如傣族的民居出檐宽大,除了遮阳,另外就是为了避雨。在气温低的地方,窗户一般较大,以充分接收太阳辐射,但窗户往往是双层的,以避免寒气侵袭。有的地方房屋的设计包括有天窗,这样可以弥补房屋采光的不足。

37. 为什么北方的房子大门朝东南,有些地方北墙不开窗户？

　　这主要是受季风的影响。我国地处北半球,大陆性季风气候,夏季盛行东南风,大门朝东南,可以让风进入院子或屋内,给室内进行降温,另也有取"紫气东来"的含义,大门朝东南,吉祥如意。而冬季由西伯利亚寒流带来西北风,有些地方北墙不开窗户,避风的同时就是避寒。

38. 我国的民居大都坐北朝南,为什么大理的房子坐西朝东呢？

　　风影响着房屋朝向,我国夏季东南风,冬季西北风,所以大多数的民居坐北朝南,但由于地形对风向的影响,在山区和海滨地区,房屋多面向海风和山谷风。我国云南大理有句歌谣:"大理有三宝,风吹不进屋是第一宝",大理位于苍山洱海之间,夏夏吹西南风,冬春季节吹西风即下关风,下关风风速大,平均为 4.2 米/秒,最大可达 10 级,因此这里的房屋坐西朝东,成为我国民居建筑中的一道独特风景。

39. 为什么草原上蒙古人要遵循"春洼、夏岗、秋平、冬阳"的迁徙原则呢?

众所周知,蒙古包就是蒙古人流动的家,逐水草而徙的蒙古族牧民每年随季节变化而大迁徙 4 次,小迁徙 10 余次,甚至数十次。一般平原地区按照"春洼、夏岗、秋平、冬阳"的原则进行选择(山区按照"冬放阳坡、春放背,夏放岗头、秋放地"的原则进行选择)。为什么会这样呢? 这是由草原的地形和气候特点决定的。"春洼"就是指,春天要选择向阳低洼的地方,因为这种地形融雪早,牧草返青早,利于羊群春季长膘;"夏岗"就是指要选择高山草原,这里风大凉爽,而且蚊蝇少;"秋平"则是指要选择高山草原的山腰或山麓平原或河流两岸,这里气候适宜,牧草多且质量好;"冬阳"就是指选择向阳避风的地方,利于牧民和牲畜的越冬。这样就可以减少由于季节的气候变化出现的"夏壮、秋肥、冬疲、春亡"的影响。

40. 北方农村住宅的窗户如果用纸,为什么纸要贴在窗户外边而不贴在里边?

这是因为北方冬季刮风降雪容易出现飞雪,如果将纸贴在窗户的里边,室内气温较高,雪贴在纸上受热融化,造成木制窗框剥蚀。另外,由于室内温度高湿度大,窗户纸则会因吸湿水分而容易脱落。相反,纸贴在窗外,就不会出现这种问题了。

41. 傣族的"吊脚楼"与气象条件有什么关系呢?

当你来到西双版纳时,就会发现,傣族人的住房是用木料和竹子搭起来的。房子是用几根木柱撑起的,离地面约 2 米高。每幢房子四周还有 1 米左右高的围墙,人们把这种房子称为"吊脚楼"。傣族人造这样的住房,是与西双版纳的湿热气候密不可分的。这里夏季长达 200 多天,白天的气温常在 35 ℃以上,高时可达 40 ℃以上;年平均相对湿度为 82%~86%。人们生活在这样又湿又热的气候环境里,自然要想办法使室内温度降低些。吊脚楼下面空旷,通风性能好,不但白天气温不会升得很高,而且夜间降温也快。竹楼高而相对干燥,也可以大大减少风湿病的发生。

42. 为什么海南岛会出现石头房?

海南岛地处我国低纬度地区,常年无冬,气候炎热多雨,且常受热带气旋侵袭。所以,这里许多居民都用石头砌墙,而且墙体很厚。石头房低矮、密闭且墙厚、窗小,可有效地抵御台风,并起到降温作用。

43. 青藏高原上的庄窠住宅有什么气象根据呢?

青藏高原,夏季早晚酷似严冬,中午太阳光照强烈,终年少雨,风沙较大。这里流行一种高墙包围着的住宅,叫做"庄窠住宅"。"窠"原意是指鸟兽做的窝,此处意指高墙包围着的住宅。这种房屋环靠高墙而建,并带有廊檐。

庄窠住宅的产生,与青藏高原的自然环境和气候条件是分不开的。高出屋面的庄墙,厚度约 1 米,可有效地防止风沙侵袭。又由于雨量较少,降水强度不大,屋顶为平面,且坡度平缓。这既能避免屋顶面的黄土被雨水冲走,又可以利用屋顶面作为晒场。

44. 气象条件对建筑物产生影响,那么建筑物会对周围小气候产生影响吗?

答案是肯定的,每座新建筑物的建成都会使周围发生小气候的变化,尤其是高大建筑物更为明显,以风为例,一方面风遇到建筑物会产生分支,高大板块形建筑阻挡风的正常运行,会使地面风增大。据上海市气象台的专家讲,如果气象台预报 2~3 级风,那么楼群之间的瞬间风力就可能达到 6~12 级,这是强风到台风的级别。高楼之间的涡流、角流和过堂风区相互作用,可诱发瞬间风力很大的楼群风,楼群风会对生活或工作在高楼建筑中的人们带来一定的困扰。另一方面,人们可以利用建筑物产生穿堂风,用来乘凉等等。

45. "楼群风"是怎么一回事?

所谓的"楼群风",是指建筑群中由于钢筋水泥形成像森林一样的屏障,风遇到阻碍,产生分支,钢筋水泥森林阻挡风的正常运行,会使地面风增大,高楼之间的涡流、角流和过堂风区相互作用,可诱发瞬间风力很大的楼群风。据建筑专家表示,高度超过 150 米的建筑就必须将风作为第一控制要素。因为风在爬升至高层建筑物顶部和穿越两侧以后,会无规则地随机变化,会在瞬间诱发出威力强大的楼群风,轻者造成高楼门窗玻璃和屋顶搭建物的震动和破裂,重者足以对人和物造成伤害。

46. 什么是穿堂风？

穿堂风就是在风压作用下，室外空气从建筑物一侧进入，贯穿内部，从另一侧流出的自然通风。房间南北都有窗户是形成穿堂风的条件。睡觉时不宜在走廊下、树荫下、草地上、水泥地面上就地躺下睡，也不要在穿堂风或风口处午睡。因为人在睡眠中体温调节中枢功能减退，重者受凉感冒，轻者醒后身体不适。

47. 如何制造穿堂风？

首先应把与进风口处于相对位置的窗、门等尽量打开，放在挡风处的大件家具要适当迁移，让穿堂风路线畅通无阻。如在靠近风口的侧墙上有窗户的话，则应关闭，以免风吹进屋里之后，即斜向成为"交角风"跑掉。特别应注意的是，对于住宅背风面上的窗，有人以为打不打开关系不大，这是不对的，因为，进入室内的气流量与排出气流量是相等的。所以当进风窗口面积固定不变时，若能加快背风窗口的排风量，则进入室内的穿堂风的风速可相应增大。

当风向改变时，要灵活地利用窗扇来导风。许多时候，风未必是正对着窗户，而是从左侧或右侧吹来的，大量的风在住宅外墙上"滑行"。风从右边墙面吹过来时，如把两页窗扇都打开，则右边的窗扇反而形成一道挡风"屏障"。正确的方法是关起右窗扇，打开左窗扇来导风入室。风从左边墙面吹来时，方法则相反。

48. 你知道"热岛效应"是如何形成的吗?

随着社会主义新农村建设的不断的进展,农村的村容村貌发生了很大的变化。考虑到土地的高效利用,在近郊的地方,住宅楼也更多地拔地而起;城市人也逐渐地在郊区买房,城市私家车越来越多;为了方便人们的出行和日常对交通的需求,更多的农村乡间小道改换面貌变成了柏油马路或水泥路面;生活水平的提高,家用电器越来越齐全。随之而来的就是热岛效应,那么什么是热岛效应呢? 概括起来说,热岛的形成主要有四个原因:首先是人工建筑物的影响,如混凝土、柏油路面以及各种建筑墙面。这些人工建筑物吸热快而热容小,在相同的太阳辐射条件下,其表面温度明显高于绿地和水面。其次是城市大气污染。城市中机动车辆、工业生产及人群活动产生了大量的氮氧化物、二氧化碳、煤灰和粉尘等,这些物质可以吸收环境中热辐射的能量,产生众所周知的"温室效应",从而引起大气的进一步升温。三是人工热源的影响。日益增加的工厂、汽车、空调、冰箱等人工排热器在消耗掉大量能源的同时,还在不停地向外"倾泻"着热量,使城市的"体温"一再升高。四是城市绿地和水体的减少。随着城市中建筑、广场和道路的大量增建,绿地、水体等却相应减少,吸热少了,缓解热岛效应的能力自然就被削弱了。

49. 如何防止热岛效应?

国内外专家都在积极进行这方面的研究和探索,目前已有多种方法可以减少"热岛效应"。例如可以采用改变城市建筑物表面涂上白色或换上浅颜色的材料,以减少吸收太阳辐射;在路边、花园和屋顶种花栽树,可使城市温度下降;加强城市规划,选择合理的城市结构模式,树立城市生态学观念,统筹安排工厂区、居民区。尤其是热岛区要加强绿化,通过植物吸收热量来改善城市小气候;将城区分散的热源集中控制,提高工业热源和能源的利用率,减少热量散失和释放,也是一项很重要的措施。

50. 什么叫室内小气候?

室内由于围护结构(墙、屋顶、地板、门窗等)作用,形成了与室外不同的室内气候,称为室内小气候。室内小气候主要是由气温、湿度、风和热辐射这四个综合作用于人体的气象因素组成。

气温对人体的热调节起着重要的作用,室内温度过高或过低都会影响机体健康。高温环境可使血液循环加快、血压增高并影响消化液的分泌,造成消化不良、食欲不振。温度过低,血流量减少,皮肤温度降低,机体产热量增加。因此,一般认为室温应保持在:夏季 24~26℃,冬季 17~22℃为宜,昼夜温差不要超过 4~6℃。

温度对人体的热平衡和温热感有重大作用。室内空气过于干燥可以引起皮肤以及口、鼻、气管黏膜破裂出血,有时甚至造成感染。湿度过大时,夏季则影响汗液的蒸发,也是霉菌繁殖的有利条件,易引起呼吸道和周围神经系统的疾病。因此家庭最好备有湿度计,相对湿度在 35%~50% 较为适宜。

室内通风状况可以调节室内的温度,室内适宜的风速可以减少室内空气的污染,促进身体健康。

日照可以改善室内采光条件,影响室内温度,阳光中的紫外线还可以杀灭空气中的许多细菌和病毒,在室内接受日照可增强人体免疫作用和预防佝偻病发生。

51. 室内健康对小气候有哪些要求?

我国《农村住宅卫生标准》规定,夏季农村住宅小气候,在严寒区和寒冷区适宜温度为 26～28 ℃,相对湿度 40%～70%,适宜风速为 0.3～1.0 米/秒,在温暖区和炎热区适宜温度为 26～30 ℃,相对湿度 50%～80%,适宜风速为 0.5～2.0 米/秒。近年的国内外研究资料表明,城市居民每天约 70%～90%的时间在各种室内环境中度过。因此,室内小气候的好坏、优劣,对人体健康的影响越来越大。当室内温度比室外温度低 10 ℃时,人体就会感到不舒服,易患感冒。一般要求夏季室内外温差不大于 7 ℃。

52. 室内小气候与疾病有哪些方面的关系?

传染性疾病和室内污染有密切关系。室内传染性疾病微生物的污染主要指各种细菌、病毒、衣原体、支原体等对室内空气的污染。这类疾病在人群中有一定的传染性。但污染的来源即传染源在哪里? 传染源一般包括病人、病原携带者和受感染的动物。传染病病人常常是最重要的传染源。因为病人体内存在大量病原体,而且具有某些症状如咳嗽、气喘、腹泻等,更有利于其向外扩散;同时室内环境空间有限,空气的流通不畅,室内空调的不合理配置和使用,均可能使病原体的室内浓度增加,使人群在室内被感染的机会明显大于室外。

53. 室内外气体交换都与哪些因素有关?

研究表明,室内外气体的交换决定于几个方面:首先是室内外风压的大小,其次室内外温差也造成室内外压力不同,以及室内外大气的成分不同。如风速大于6～7米/秒,只要1小时室内空气可全部更换;若风速仅在2～3米/秒,仅有40%的室内空气可以更换。当然,室内外气体交换的速度还与门窗的大小和位置有关,在室外气温高或风速小的情况下,可以利用门窗的位置制造穿堂风使室内气体进行交换,使得室内空气清新温度降低。

54. 开发气象资源对农村盖房有哪些好处?

目前开发的气象资源主要包括有太阳能、风能等。在农村,出于节能和环保的目的,越来越多的人开始利用太阳能,如太阳能热水器、太阳房、太阳灶、太阳能温室、太阳能干燥系统、太阳能土壤消毒杀菌技术等,这些技术尤其在北方和西部应用较广,成效显著。一方面可以做到节能环保,另一方面也做到家居的干净卫生。

55. 什么是高舒适度低能耗住宅呢?

住宅的设计是根据当地的气候特点,采用先进的建筑技术和材料,对作用于建筑物的声、光、热等自然因素进行系统调节,从而最大限度地减少自然因素对居住舒适度和健康的不利影响,最大限度地降低建筑采暖和制冷的能源消耗,最大限度地使室内自然温度接近于或保持在人体舒适温度20～26℃的范围内。它所要实现的目标是:在任意气象条件下,通过对建筑的合理设计、合理选材,最大限度地把室内自然温度控制在人体舒适温度范围内,从而在为居住者提供健康、舒适、环保的居住空间的同时,降低建筑物的运行能耗。

56. 冬季为什么要注意加强室内的通风？

　　冬季严寒，一到冬季人们就把门窗紧闭，使得室内温暖如春，殊不知这样室内外不通风，空气不流通，很容易造成室内空气的污染，对人体健康非常不利。首先，室内气温较高，很容易滋生病菌，房屋密不透风，空气中的有害气体不能及时排出；第二，室外北风吹，室内暖如春，室内外的温差较大，很容易引发感冒；第三，冬季多用暖气或空调取暖，很容易使得室内外的湿度差加大，室内干燥也容易对人体健康不利。

　　为此，要净化室内空气，减少污染，应着重做好以下几点，才能有益人们的身心健康。

　　(1)每天定时开窗通风换气，保持室内空气新鲜。冬季，办公室、值班室、居民住宅，每天早晨、中午和晚上都应各开窗通风 20～30 分钟进行换气。

　　(2)一定要保持合适的室内温度，避免室内外温差过大。冬季室内温度一般应控制在 16～22 ℃为好。如果室内温度过高，容易滋生病菌。一旦外出，室内外温差过大，容易患感冒生病，对身体健康不利。

　　(3)注意增加室内空气的湿度。冬季里空气干燥，对人的健康不利。因此，应注意增加室内空气的湿度，空气湿度一般保持在 30％～60％最为有利，其方法就是使用空气加湿器，也可以在室内放置几盆清水或利用室内盆栽，或用湿毛巾等来调节湿度，从而增加空气湿度有益人体健康。

　　(4)保持室内卫生。经常打扫、及时清除生活垃圾，防止室内空气中的细菌滋生和超标。另外还可以选择合适的室内空气净化器，经常进行室内空气净化和消毒。在流行性感冒高发期内，可以用醋来净化空气，因为醋挥发在空气中有杀毒的作用。

57. 你知道室内热舒适度的含义吗？

室内环境如何主要取决于室内小气候，即温度、湿度和风速等。当这些因素综合作用于人体，并处于最佳组合状态时，能使人体产生舒适感，通常称为最佳热舒适度。

经验证，热舒适的范围是：冬天温度为18～25 ℃，相对湿度30%～80%，夏季温度23～28 ℃，相对湿度30%～60%（风速控制在0.1～0.7米/秒）。在装有空调的室内，温度为19～24 ℃，相对湿度40%～50%最舒适。但如考虑温度对人思维活动的影响，最适宜的温度是18 ℃，相对湿度40%～90%，在这种室内小气候的环境下，人的精神状态好，工作效率也高。

舒适度还与室内外温度差有关，在夏季当室内温度比室外温度低10 ℃时，人的身体就感到不舒服，易患感冒。一般要求室内外温差不应大于7 ℃。

58. 购房时为什么要注意房屋的气象条件？

一般人在购房时，考虑较多的是房子的价格、户型、地段、物业管理等条件，往往忽视"看不见、摸不着"的气象条件，等住进去后，才发现因采光不好或房屋易潮湿或通风不好而感觉别扭和不舒服，后悔已晚，因为房子毕竟不同于一般的商品。所以，在购房时，不管是新房还是二手房，都应该考虑房屋的气象条件。

59. 购房时要注意哪些气象条件?

房屋对气象条件非常敏感,而影响房屋的气象条件有很多种,但主要注意日照时间、相对湿度和风向,它们关系着房屋的采光条件、是否易潮湿和通风状况,关系着房屋的舒适度和空气质量。

60. 购房时要注意哪些湿度问题?

近地面的空气湿度与当地的天气、气候有关,与地质和地貌也有关系。人们在购房,尤其是买底层房时,要特别注意房子的地质地貌条件。地势低洼、土质湿软的地方,可能终年湿度较大,雨季里墙壁、地板也容易潮湿,夏日里蚊虫必然较多。而地势较高、土质板硬的地方,则湿度相对偏小,即使住在一楼,一般也没有潮湿的感觉。考察房子周围的湿度状况,以春夏季或阴雨时节较适合,在秋高气爽或干燥的冬季,常常不容易觉察到湿度的差异。

61. 购房时要注意哪些光照和风向问题?

室内良好的光照是保证人们正常工作、学习和生活的必要条件之一。现在的住房光线条件都应满足国家规定的标准。楼房之间的间距越大,或楼层越高,房子的可照时数就越多。购房者可以根据对光线的不同要求,选择房子的地点和楼层。

关于风向问题,一般购房者都希望房子的通风条件较好,这样就比较看重房子的朝向。多数住宅楼的门窗都是南北朝向,这是根据我国属季风气候区这一气候特点设计的。但各地的"最多风向"还是有些差别的,楼房门窗的朝向,宜和当地的"最多风向"保持一致,这样通风条件才能达到最佳。所以购房者在买房之前,最好能向当地气象局咨询一下本地的"最多风向",从而在选房时做到心中有数。

62. 采光和日照是一回事吗?

许多人在买房时通常把"采光"和"日照"混为一谈,买房的时候考虑比较多的往往是"采光"。可是从气象的角度讲,采光并不能够代替日照,采光和日照是不同的两个概念。通常人们都把采光和日照混为一谈,其实采光是指一个居室只要对外开窗就可以获得的自然光。但是,这不一定说你一定获得了日照,采光以及人工照明是不能够代替日照的。

国家规定:1994 年 2 月 1 日起执行的国家技术监督局和中华人民共和国建设部联合发布的强制性国家标准《城市居住区规划设计规范》中,规定住宅建筑日照标准:冬至日住宅底层日照不少于一小时或大寒日住宅底层日照不少于两小时。

住宅日照间距主要满足后排房屋(北向)不受前排房屋(南向)的遮挡,并保证后排房屋底层南面房间有一定的日照时间。日照时间的长短,是由房屋和太阳相对位置的变化关系决定的,这个相对位置以太阳高度角和方位角表示。它和建筑所在的地理纬度、建筑方位以及季节、时间有关,通常以建筑物正南向,当地冬至日(大寒日)正午十二时的太阳高度角作为依据。根据日照计算,我国大部分城市的日照间距约为 1～1.7 倍前排房屋高度。一般越往南的地区日照间距越小,往北则越大。

在我们购买房子的时候应该选择那种每栋楼都不是太长

的住宅小区,如果楼房的长度过长,后排低层的日照时间就会受到前排楼房的遮挡。

63. 买楼时如何鉴别住房是否具有有效的防雷功能?

按照《气象法》及相关法规规定,建筑物在修建前,建筑方需要拿图纸到当地气象主管部门进行防雷工程审核,竣工后,需要当地气象主管部门进行防雷工程的验收。因此,看楼时,对于建筑物的防雷功能,可以几方面进行自查判断:是否有防雷设施合格证书,如果没有防雷设施合格证书,即没有经过专业防雷部门检测验收,是没有安全保障的;外观上,住宅楼顶是否有安全的防雷设施,即避雷针或避雷带;检查配电箱是否有防雷接地端子;检查住宅内的电源插座部分是否有安全接地线;高层住宅的外墙大型金属门窗等金属结构是否采取安全接地措施。

64. 房屋的格局设计要注意哪些小气候问题?

房屋是我们生活的地方,一定要注意通风和采光的问题,尤其是客厅和卧室,因为它们是使用率最高和休息的地方,通风状况和采光条件都关系到人们的身心健康。另外,厨房和卫生间一定要注意与卧室和客厅的相对位置,从通风的角度考虑,厨房和卫生间最好应设计在下风向,这样厨房油烟和卫生间可能飘出来的异味不会对客厅和卧室造成影响。

65. 为什么雨季装修更要谨防室内污染?

房屋装修时所用的装修材料会散发出一些有害气体,所以施工中必须注意开窗通风,但在阴雨季节,不但无风,而且气压低、空气潮湿,通风效果不佳,因此,雨季装修的空气污染问题更应引起重视。

与其他季节相比较,雨季期间装修室内空气更容易造成污染。这是为什么呢?

(1)雨季来临之前,天气闷热,湿度加大,此时装修材料中的一些有毒有害气体的释放量会增加。据日本室内环境专家研究表明,室内温度达到30℃时,室内有毒、有害气体的释放量最高。

(2)在闷热的天气里,施工人员通过呼吸道、皮肤、汗腺等排放出的污染物会比平时更多。此外,为保护刚刚油漆或涂刷好的门、窗及墙面、顶棚等处不受蚊、虫、苍蝇等的破坏,还需要灭蚊、灭虫、杀菌,这样也会给室内空气造成污染。

(3)雨季装修时,需要对一些特殊的装修工序进行防潮、防湿和防尘处理,比如在对家具油漆和墙壁涂饰时,便需要紧闭门窗,这样就更容易造成室内污染物的大量积聚。

(4)阴雨天气压低,即便是把门窗全部打开,也会减弱室内外空气的正常对流,导致室内通风状况不佳,而装修材料中释放出来的一些有毒有害气体也会因此难以尽快消散。

那么如何解决雨季室内环境污染问题呢?

(1)注意装修材料的选择。要选择经过国家权威部门认定的名牌及正规厂家生产的装饰材料。

(2)最好请正规的家装公司施工,在签订装修合同时要提出附加有关室内环境标准的条款,完工时要求提供室内空气质量检测报告。

(3)做好装修房间的通风和空气净化。有条件的情况下要尽量多通风,如没有条件可选用室内通风装置和对降低室内有害气体有效的空气净化装置。

（4）注意做好工人和入住人员的劳动保护工作，特别是对于油漆工，在施工中应尽可能佩戴防毒器具，尽量不要在油漆现场过夜，若出现头疼、恶心、气喘、喉咙痛等症状千万不要大意，要及早请医生诊治。

（5）做好装修房间室内环境的检测和治理。

66. 雨后如何消灭苍蝇和蚊子？

炎炎夏日，嗡嗡叫的苍蝇和蚊子使人非常厌烦，而且它们还会传播疾病，给人的日常卫生和身体健康带来不利的影响，因此要注意做好灭蝇灭蚊工作。

消灭苍蝇应从卫生死角入手。大雨过后，苍蝇孳生地因水淹，蝇幼虫大多死亡，但由于水的冲刷使生活垃圾及有机物漂流到各种死角和缝隙处，形成新孳生地，因此雨后灭蝇应从以下入手：

（1）清除过水后的垃圾死角，彻底消除苍蝇孳生地；

（2）旱厕及时清挖，家庭生活垃圾要注意装袋封存，日产日清，防止散落；

（3）存放的干草、树叶等有机垃圾过水后发酵即可成为苍蝇孳生源，也要及时清除或采取沤肥处理；

（4）成蝇可采取菊酯类药物喷洒或蝇拍捕杀的办法进行杀灭。

而消灭蚊子的关键在于消除各种积水。蚊虫孳生于水中，大雨过后由于雨水的冲刷作用，原孳生地的蚊幼虫被水冲走，短时间内蚊虫的密度可能不升反而会出现下降，但由于雨后空气湿度增高，更适合成蚊叮刺吸血繁殖后代，成蚊吸血频率增高。雨后各种积水增加，蚊虫孳生地增多，在雨后大约10天左右蚊虫密度将会形成一个高峰期，主要表现在人被叮的次数增加,同时被感染各种蚊媒传染病如流行性乙型脑炎(俗称大脑炎)、登革热等机会增加。因此大雨过后灭蚊的关键是消除各种积水,疏通沟渠,主要是房前屋后、院落内的盆罐积水要清除,可采取菊酯类药物如赛克宁稀释 50～80 倍喷洒的办法防止蚊子幼虫孳生。

67. 建筑物为什么要采取防雷措施?

雷电灾害具有瞬间性、整体性、毁灭性和多发性的特点。雷电具有很大的破坏力,这种破坏力是由于在雷电形成时能够产生几万安培的强电流,上万度炽热的高温,30～50 个大气压的冲击波和大量的电磁辐射造成的。雷电对建筑物的破坏,轻则使玻璃品碎裂,重则墙垣倒塌,还能引起火灾。雷电会将高压输电系统的绝缘设备击穿,引起停电事故,有时还会沿电线窜入室内,造成人身伤亡。因此,建筑物一定要采取防雷措施,避免发生意外。

68. 建筑物防雷分类的依据是什么?

我国现行的建筑物防雷设计规范(GB 50057－1994)规定,建筑物应根据其重要性、使用性质、发生雷电事故的可能性和后果,按防雷要求分为三类,即第一类、第二类和第三类。

69. 哪些建筑物是第一类防雷建筑物?

(1)凡制造、使用和储存炸药、火药、起爆药等大量爆炸物质的建筑物,因电火花而引起爆炸,会造成巨大破坏和人身伤亡者;

(2)具有 0 区或 10 区爆炸危险环境的建筑物;

(3)具有 1 区爆炸危险环境的建筑物,因电火花而引起爆炸,会造成巨大破坏和人身伤亡者。

70. 第一类防雷建筑物中的 0 区爆炸环境、10 区爆炸环境、1 区危险环境分别指什么?

0 区爆炸环境是指在正常情况下能产生爆炸性混合物的场所;在正常情况下只能在场所的局部区域产生气体或蒸气爆炸性混合物,其局部区域应划为 0 区;在爆炸场所内,能聚积气体或蒸气爆炸性混合物的通风不畅死角或深坑等凹洼处也要划为 0 区。

10 区是指有粉尘或纤维爆炸性混合物的爆炸危险场所,而且是在正常情况下能产生爆炸性混合物的场所。

1 区危险环境是指在正常情况下不能产生、但在不正常情况下能产生爆炸性混合物的场所。实际上,1 区建筑物可划分为第一类防雷建筑物,也可划分为下面将要介绍的第二类防雷建筑物,其区别在于是否能造成巨大破坏和人身伤亡。对于那些会因火花而引起爆炸并会造成巨大破坏和人身伤亡的 1 区建筑物,应划分为第一类防雷建筑物。

71. 哪些建筑物是第二类防雷建筑物?

(1)国家级重点文物保护的建筑物;

(2)国家级的会堂、办公建筑物、大型展览和博览建筑物、大型火车站、国宾馆、国家级档案馆、大型城市的重要给水水泵房等特别重要的建筑物;

(3)国家级计算中心、国际通讯枢纽等对国民经济有重要意义且装有大量电子设备的建筑物;

(4)制造使用或储存爆炸物质的建筑物,且火花不易引起爆炸或不致造成巨大破坏和人身伤亡者;

(5)具有 1 区爆炸危险环境的建筑物,且电火花不易引起爆炸或不致造成巨大破坏和人身伤亡者;

(6)具有 2 区或 11 区爆炸危险环境的建筑物;

(7)工业企业内有爆炸危险的露天钢制封闭气罐;

(8)预计雷击次数大于 0.06 次/年的部省级办公建筑物及其他重要或人员密集的公共建筑物;

(9)预计雷击次数大于 0.3 次/年的住宅、办公楼等一般性民用建筑物。

其中,预计雷击次数应按公式 $N=kN_gA_e$ 确定。式中 N 为建筑物预计雷击次数(次/年)。k 为校正系数,在一般情况下取 1,在下列情况下取相应数值:位于旷野孤立的建筑物取 2;金属屋面的砖木结构建筑物取 1.7;位于河边、湖边、山坡下或山地中土壤电阻率较小处、地下水露头处、土山顶部、山谷风口等处的建筑物,以及特别潮湿的建筑物取 1.5。N_g 为建筑物所在地区雷击大地的年平均密度[次/(平方千米·年)],$N_g=0.024T_d^{1.3}$,T_d 是年平均雷暴日(天/年),根据当地气象台(站)资料确定。A_e 为与建筑物截收相同雷击次数的等效面积(平方千米),也就是其实际平面积向外扩大后的面积,其计算方法应符合下列规定:

(a)当建筑物的高 H 小于 100 米时,其每边的扩大宽度和等效面积应按下列公式计算确定(图 1):

$$D = \sqrt{H(200-H)}$$

$$A_e = [LW + 2(L+W)D + \pi D^2] \cdot 10^{-6}$$

式中 D 为建筑物每边的扩大宽度(米);L、W、H 分别为建筑物的长、宽、高(米)。

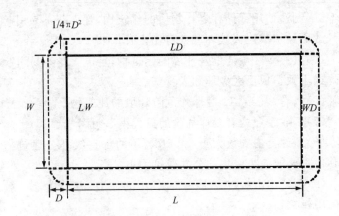

图 1　建筑物每边的扩大宽度和等效面积

（b）当建筑物的高 H 等于或大于 100 米时，其每边的扩大宽度 D 应按等于建筑物的高 H 来计算；建筑物的等效面积应按下式确定：

$$A_e = [LW + 2H(L+W) + \pi H^2] \cdot 10^{-6}$$

（c）当建筑物各部位的高不同时，应沿建筑物周边的逐点算出最大扩大宽度、其等效面积 A_e 应按每点最大扩大宽度外端的连接线所包围的面积计算。

72. 第二类防雷建筑物中的 2 区爆炸危险环境、11 区爆炸危险环境分别指什么？

这里所说的 2 区指的是有气体或蒸气爆炸性混合物的地方，在不正常情况下仅在局部空间能形成爆炸性混合物的场所。

11 区是指有粉尘或纤维爆炸性混合物的地方，仅在不正常情况下才能形成爆炸性混合物的场所。

73. 哪些建筑物是第三类防雷建筑物？

（1）省级重点文物保护的建筑物及省级档案馆；

（2）预计雷击次数大于或等于 0.012 次/年，且小于或等于 0.06 次/年的部、省级办公建筑物及其他重要或人员密集的公共建筑物；

（3）预计雷击次数大于或等于 0.06 次/年，且小于或等于 0.3 次/年的住宅、办公楼等一般性民用建筑物；

（4）预计雷击次数大于或等于 0.06 次/年的一般性工业建筑物；

（5）根据雷击后对工业生产的影响及产生的后果，并结合当地气象、地形、地质及周围环境等因素，确定需要防雷的 21 区、22 区、23 区火灾危险环境；

（6）在平均雷暴日大于 15 天/年的地区，高度在 15 米及以上的烟囱、水塔等孤立的高耸建筑物；在平均雷暴日小于或等于 15 天/年的地区，高度在 20 米及以上的烟囱、水塔等孤立的高耸建筑物。

74. 第三类防雷建筑物中的 21 区火灾危险环境、22 区火灾危险环境和 23 区火灾危险环境分别指什么？

21 区是指在生产过程中产生、加工、贮存或转运闪点高于所在环境温度的可燃液体时，在数量或配置上均能引起火灾危害的场所。

22 区是指在生产过程中不会形成爆炸性混合物的悬浮状态或堆积状态可燃粉尘和可燃纤维，但在数量和配置上能引起火灾危险的场所。

23区是指有固体状可燃物质的地方,在数量和配置上能引起火灾危险的场所。

75. 避雷针的原理是什么?

防雷装置由接闪器、引下线和接地装置三部分组成。接闪器就是大家通常所说的:(1)独立避雷针;(2)架空避雷线或架空避雷网;(3)直接装设在建筑物上的避雷针、避雷带或避雷网。接闪器通过引下线和接地装置与大地相连。避雷针高于被保护的所有物体,它将雷电吸引至自身,使雷电流通过引下线至接地装置而泻放大地,从而使保护对象免遭雷击,所以避雷针实际是引雷针。

76. 建筑物装上避雷针就可以了吗?

这种观点是片面而错误的。

(1)避雷针通过引下线和接地装置与大地相连,可以把雷电流泻放到大地,保护建筑物。但是,如果存在避雷针不合格、引下线锈断、接地电阻超标等问题,避雷针不仅难保建筑物,反而会成为"引雷烧身"的祸针,因此防雷装置要经过专业验收和定期检测。

(2)避雷针还有一个保护半径,在其保护半径内可以起到保护作用,如果不在其保护半径范围内,则会失效。

(3)防雷工程是一个系统工程,包括外部防雷和内部防雷。外部防雷是指建筑物本体的雷击保护,主要措施是安装接闪器(避雷针、带、网、线、金属构件等),防止雷电击中建筑物造成的建筑本体损坏。但是如果雷电击中了远处的电源线或电话线,雷电流会顺着线路进入室内,这时外部防雷装置就没有作用了,所以还需要内部防雷装置。内部防雷装置主要是指屏蔽、接地、等电位连接、合理布线和安装避雷器(SPD),SPD的作用就是把沿线路进入的雷电流对地泻放掉来保护后面的设备。

77. 农村为什么成为防雷的重点区域?

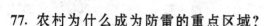

首先,农村现有的地理环境和经济发展水平、农民的生存状况和受教育水平、农业生产的模式等,构成了农村雷灾隐患的内因。

第二,农村地广人稀,高层建筑少,低矮的民居,孤立的建筑物、树木容易引来雷电。农村的电力线路、电话线路,很多是由较为空旷的农田里电杆架空支撑引入,雷暴在空旷的农田上闪击后会经这些架空电力线、电话线引入室内,造成室内设备损毁和人员伤亡。

第三,农民的雷电意识淡薄,缺乏相应的知识。许多农民在顶层上方安装铁皮水箱、太阳能热水器或类似小铁塔的建筑,这些设施往往没有接地避雷设施,存在安全隐患。现在农村各种家电普及,有的农民为增加电视节目的接收效果,将电视接收天线架设在屋顶上方高于屋顶十余米的位置,且多用竹竿支撑,一旦有雷暴产生,雷电极易与金属接收天线接闪,再由天线引入室内,造成电视机及室内其他设施损毁及人员伤亡。

第四,防雷安全检查体系还不完善,农村几乎没有关于防雷安全方面的检查,直接导致雷电隐患不能被及时发现和解除。

第五,农村防雷知识普及较少,农民大都缺乏安全防雷意识和相应的保护措施,不知道在雷雨天气如何保护自己的生命和财产安全,以大田农业为主要生产方式的农民,在野外劳作遇有雷雨来时经常打着雨伞或扛着铁锹,更容易使自己形成制高点而引来雷击,或者往往不及时躲避,或者躲在孤立的大树下或小亭子里,直接招来雷灾之祸。

第六,相关政策对农村地区防雷减灾的忽视是导致农村雷击灾害事故的外部原因。政府及有关部门对农村地区防雷减灾的组织管理、公共服务提供能力、技术服务支撑能力等,直接影响到农村防雷减灾的成效。

78. 建房应怎样安装防雷装置?

首先,建筑物应按防雷设计规范装设直击雷防护设施。不少农居屋顶架设了铁塔,如果确保良好的接地,可以起到避雷作用,如果没有良好的接地,反而成为引雷的隐患,不如拆除。其次,引入住宅的电源线、电话线、电视信号线均应屏蔽接地后引入。同时在相应的线路上安装家用电器过电压保护器(又名避雷器),但要注意一定要接地。

79. 科学防雷有哪些法定要求?

六个方面:一是要按国家标准规范设计、安装防雷装置;二是防雷装置必须由具有相应资质的单位设计、施工;三是防雷装置设计须经审核核准方可交付施工;四是防雷工程须跟踪检测和竣工验收合格才能交付使用;五是已建防雷装置必须定期检测合格才能确保长期有效;六是大型建设工程、重点工程、爆炸危险环境等建设项目须通过雷击风险评估以确保公共安全。

80. 为什么太阳能热水器防雷不可忽视？

近几年,太阳能热水器在家庭中使用越来越多,为了采热的需要,太阳能热水器往往被安装在屋顶无遮挡的高处,人们在享受便利的时候,往往忽视了防雷的问题,市民在楼顶上安装的太阳能热水器绝大多数没有连接避雷设备。一些太阳能热水器,安装时为了采光好,甚至搭建了高的铁架,而卫生间的水管多为金属体,导电性强,万一打雷,热水器就有可能成为"引雷器",造成雷击事件,因此太阳能热水器防雷绝对不可忽视。

那么怎样才能使太阳能热水器在雷雨季节时安全可靠,不受雷击侵袭呢？首先,人们应提高对雷电危害的认识和自我保护能力,特别是正在打雷闪电时不要使用太阳能热水器。其次,应做好太阳能热水器的防直击雷措施,为太阳能热水器安装一套完善合理的防直击雷装置(包括避雷针、引下线、接地装置)使太阳能热水器在避雷针的保护范围内,免受雷电直接雷击。要注意安装太阳能热水器时,按技术要求,顶部至少要低于最高避雷针(带)1.5米以上,并与针带保持大于3米的安全距离。第三,要做好太阳能热水器各金属支架的等电位连接,应当避免直接连接到避雷针上。第四,太阳能热水器电源线路应采用金属屏蔽保护,并在开关处安装电源避雷器,切实做好接地线的连接,接地电阻应小于4欧姆,这样可以有效地避免室内的其他家用电器遭到雷击。关于防雷设备的安装,最好请有防雷施工资质的单位进行施工。

81. 家用电器如何防雷?

夏日,雷雨天气频发,最令大家担心的也就是雷击了。那么,家用电器该如何防止雷击呢?

雷击一般分为直击雷和感应雷,通常雷雨季节影响家用电器安全的主要原因是由于感应雷的侵入而引起。感应雷是指雷电发生时,在进入建筑物的各类金属管、线上产生的雷电电磁脉冲。对于一个家庭来说,感应雷侵入主要有四条途径:供电线、电话线、有线电视或无线电视天线的馈线、住房的外墙或柱子。其中前三个途径都是与家用电器有直接的外部线路连接,当这些线路是属于架空入室时则危害更严重。因为强烈的电磁感应作用将在这些架空导体上产生很高的雷电电磁脉冲,电磁脉冲沿着这些导体直接进入家用电器而造成危害。目前常被人们忽略的是感应雷入侵的第四个途径,即家用电器的安装未与建筑物的外墙及柱子保持一定距离。因为当住户所在的建筑物发生直击雷或侧击雷时,强大的雷电流将沿着建筑物的外墙及柱子流入地下。在这个过程中,由于建筑物的外墙或柱子有强大的雷电流流过,便在周围的空间产生电场和磁场,如果家用电器与外墙或柱子靠得太近,则可能受到损坏。

建筑物安装避雷针只能防范直击雷,而感应雷则通过外部相连的电线危害室内的家用电器,造成的影响最大。家用电器防雷要注意七点:首先,建筑物应按防雷规范安装防直击雷装置,如避雷针(避雷带或避雷网)、引下线和接地体。它们能把雷电流的大部分引入地下泻放。其次,进入住宅的电源线、电话线、电视天线应屏蔽接入地线,这样部分雷击会泻入大地。第三,用户为确保安全,应在相应的线路上安装家用电器过电压保护器（又名避雷器）。对一般家庭而言，需要 3 个避雷器：第一个是单相电源避雷器，安装在供电线路入户的电源开关箱处；第二个是电视机馈线避雷器，安装在电视馈线入室后的电视分配器的入线处；第三个是电话机避雷器，安装在入室后的电话线上，使电话机通过电话避雷器再与电话外线相连。避雷器的作用是对从线路上入侵的雷电电磁脉冲进行分流限压，从而实现用避雷器保护家用电器的安全。第四，家用电器的安装位置应尽量离开外墙或柱子远一点。第五，还要注意经常定期检查家用电器所共同使用的接地线，大多数的家用电器的外壳几乎都与这条接地线相连，其主要目的是对人身安全起到保护作用。当安装避雷器时，所有避雷器的接地都是与这条接地线相连的，如果这条接地线松脱或断开，家用电器的外壳就可能带电，避雷器也无法正常工作。第六，雷雨天气最好拔掉各种电器的插头。第七，室外安装太阳能热水器一定要安装避雷针。

82. 雷暴天气时，如何正确使用家用电器？

野外露天架设的电源线路在雷电活动下极易产生感应雷电压。如果感应雷电压沿电源线路传入室内，极易造成电器设备损毁和人员的伤害。当雷暴发生时，尽可能不使用家用电器（洗衣机、电冰箱、粉碎机、搅拌机等），平时不使用时，宜将它们的插头拔起来，建议在家用电器的供电线路上，装一个闸刀开关，不用时，或雷雨天气时，或看天色有可能打雷时，将开关拉起。闸刀开关的可见空气空隙，让人看到更可靠放心，而插头没拔，较容易被忽视。

建议家用照明灯的开关使用拉线开关，如使用床头灯和床头开关，不要在床上拉电线，不要在床上使用 220 V 电源的设备。

当使用吊灯照明时,注意吊灯不宜太低,当人站立时,吊灯与人头之间应有至少 1 米的空间距离。

家里的电线不要乱拉乱绕乱放,暂时不用的电线,应收放在人们不常接触的地方,特别是不要让小孩拉着玩耍。

83. 为什么雷雨天家用电器最好拔掉插头? 为什么平常一些电器不用时也应拔掉插头?

雷雨天家用电器最好拔掉插头,为什么呢? 这是因为闪电是因云内、云际或云地之间存在着负电和正电两种不同的电荷,当电位差大到一定程度时,电荷之间相互作用,发生中和时迸发出的电火花。遇有雷雨天气,一般的电器插头最好拔下来,因为电器本身就是导体,打雷、闪电会有感应电流产生,可能对家中的电器造成损害,而且像冰箱、空调等要长期通电的电器,在断电后最好等十分钟左右再重新使用,以保护它的压缩机。此外,电视机在看完电视之后必须拔下插头,因为电视机开关只关了高压电源,整个电视机的电源是接在变压器初级线圈上的。电视机本身的开关关闭后它仍然保持通电和加热状态,时间长了容易引起火灾。其他电器如果长时间不用,也应该拔下插头,避免电路电压不稳、短路对电器造成损害或发生事故。

84. 恶劣天气如何防止触电事故发生?

(1)大风、雷雨等恶劣天气中,应尽量减少外出。如必须外出行走时,应仔细地观察地形、谨慎行路,以免踩到断了的电线。应避免在电线杆、铁塔等电力设施附近走动,遇到垂落的电线也应绕行。

(2)外出行走时不要赤脚。

(3)在室内,如遇雷雨大风天气,应及时将正在运转的家用电器关闭,并拔下插头;不要赤手赤脚去修理家中带电的线路或设备;如果不慎家中浸水,应立即切断电源,以防止正在使用的家用电器因进水、绝缘损坏而发生事故。

(4)雨天在外行走时,要注意观察,不要与路灯杆、信号灯杆及落地广告牌的金属部分接触,有积水的地方应绕行。

(5)发现配电盘、厢式变电站等电力设施被水淹没后,自己与其他人员不要靠近,同时要及时通知供电部门进行处理。

85. 为什么雷雨天气,不能在大树下或离大树 3 米之内处避雨?

在农村,田间干活的农民遇到雷雨天气时,往往找大树或靠近大树避雷和避雨,这样做是非常危险的。

造成伤害事故的雷击多是云地闪电。这是由于雷雨云底部的电荷,使地面感应产生了与云底电荷性质相反的电荷。当云地两种电荷的电量大到一定程度时,就会形成闪电通道,引起雷击,地面上的感应电荷最容易集中到地面突起处。当雷雨来临时,由于树木比较高大,容易接闪雷电。一旦大树遭受雷击,雷电就会对停留在大树下的人们构成威胁,其危害形式主要有三种:一是当人体与树干或枝叶接触时,强大的雷电流经树干入地时,在身体接触部位与大地之间就会形成高电压,足以把人击到;其次是当人体与树干或枝叶离的较近时,虽未与大树接触,但雷电流流经大树时产生的高电压足以通过空气对人体放电而造成伤害;第三是人虽未与大树接触,也距大树有一定的距离,但由于站立在大树底下,当强大的雷电流通过大树流入大地,通过树根在地下向四周扩散时,会在不同的地方产生不同的电位,离大树越近电位越高,那么就会在人体两脚之间存在着电压差,形成跨步电压,从而对人体造成伤害,这就如同不要靠近高压变压器设备一样。可见,当雷雨来临时躲在大树底下是很危险的。在雷雨天应远离大树,并尽可能下蹲,双脚并拢。

从防雷击的角度出发,树木是最好最便宜的天然避雷针,特别是笔直高大的树,如桉树,生长快,高直,能起到很好的避雷效果。树的保护范围可以按普通金属避雷针计算,或者稍微小一些。如果房舍的宽度为 10 米,高为 6 米,则可在房舍的长度方向距离房舍 5 米远的位置栽一排树,当树长到 20 米以上时,就能起到保护房舍的作用。

因此,从避雷和避雷针保护半径来看,雷雨天气,不能在大树下或离大树 3 米之内避雨,否则,很容易引起人身意外。

86. 为什么发生雷电时,野外的人最好并步走或者单脚跳?

这主要涉及"跨步电压"的问题,所谓跨步电压就是指雷电击中地面物,雷电流泻入大地并在土壤中散流开,由于土壤有一定的电阻率,雷电流在地面上各点间就出现电位降,靠近雷击点,电流密度越大,电位降也就越大。如果人站在或行走在落雷点附近,在两脚间的电位降可使雷电流通过两脚和躯干的下部,人就会被击伤。这两脚间的电位降叫跨步电压。

人受到跨步电压时,电流虽然是沿着人的下身,从脚经腿、胯部又到脚与大地形成通路,没有经过人体的重要器官,好像比较安全。但是实际并非如此!因为人受到较高的跨步电压作用时,双脚会抽筋,使身体倒在地上。这不仅使作用于身体上的电流增加,而且使电流经过人体的路径改变,完全可能流经人体重要器官,如从头到手或脚。经验证明,人倒地后电流在体内持续作用2秒钟,这种触电就会致命。

因此,一个人当发觉跨步电压威胁时,应赶快把双脚并在一起,或尽快用一条腿跳着离开危险区。

87. 为什么一定要在电视天线旁边架设避雷针?

现在农村各种家电普及,有的农民为增加电视节目的接收效果,将电视接收天线架设在屋顶上方高于屋顶十余米的位置,且多用竹竿支撑,一旦有雷暴产生,雷电极易与金属接收天线接闪,再由天线引入室内,造成电视机及室内其他设施损毁及人员伤亡,因此,一定要在它的旁边架设避雷针,用避雷针来保护天线,同时要注意:(1)避雷针的保护范围;(2)避雷针要有引下线和接地装置。

88. 雷电天气,处在室内或建筑物附近的人如何做到正确的自我保护?

第一,不能停留在楼(屋)顶。大多数雷击建筑物都发生在建筑物的顶部,尤其在农村更是这样。这是因为当带电雷云逼近建筑物,雷云底部与建筑物顶部之间的距离一旦达到空气被击穿的电场强度(3000伏/米到5000伏/米)时,雷云便对该建筑物进行放电。而人们停留在建筑物顶部,无疑缩短了距离,使产生雷击所需要的电场强度降低,人们无意识的活动又迎合了雷云选择雷击通道的需要,从而诱发了雷击事故的发生。

第二，要注意关闭门窗，对钢筋水泥框架结构的建筑物来说，当防雷设计在金属门窗与建筑物的接地体作等电位处理时，关闭门窗可预防侧击雷和球雷的侵入。对广大农村的普通建筑物来说，大多数虽没有把金属门窗与建筑物基础作等电位连接，关闭门窗也能阻止球形雷的入侵。

第三，在雷击时不宜接近建筑物的裸露金属物，如水管、暖气管、煤气管等，更应远离专门的避雷针引下线。

第四、不宜使用未加防雷设施的电器设备。

第五、不宜使用太阳能热水器沐浴。这主要是万一建筑物遭雷电直击，强大的雷电流将沿建筑物外墙柱子流入地下，而大多数供水管道是与建筑物的防雷地作等电位处理的，雷电流可能沿着水流进冲凉房，导致沐浴者遭雷击身亡。同时也不要去触摸水管、煤气管道等金属管线，万一这些金属线接地不良，雷电流可向人体放电。

89. 在雷暴天气条件下，当人们在外面时，又该如何保护自己的安全呢？

不宜在山顶、山脊或建筑物顶部停留。

不宜在铁栅栏、金属晒衣绳、架空金属体以及铁路轨道附近停留。

不宜在室外游泳池、湖泊海滨游泳。

不宜在孤立的大树或烟囱下停留。

不宜开摩托车、骑自行车。

在空旷场地不宜打伞，不宜把金属工具、羽毛球拍、高尔夫球杆等扛在肩上。

不宜使用手机等移动通信设备。

应迅速躲入有防雷设施保护的建筑物内，或有金属顶的各种车辆及有金属壳体的船舱内。

如果不具备以上条件，应立即双膝下蹲，向前弯曲，双手抱膝。

90. 雷暴天气时哪些地方安全，哪些地方不安全？

室内比室外安全；

低处比高处安全；

坐下、蹲下比站立安全；

有防雷设施的建筑物比无防雷设施的建筑物安全；

不要在大树下避雷，宁可在大树旁的小树下避雷，并且要离开树干至少 3 米，双脚并拢，坐在地下，不要靠在树干上；

不要触摸或靠在高墙、高烟囱和孤立的高大树木下避雷；

不要在田地间的窝棚里或位于地形高处的简易农舍里避雷；

在野外，雷暴时不要接触和接近各种电线类金属；

雷暴时，停止一切室外的体育活动，特别是在空旷的宽大球场上的运动；

雷暴时，停止一切装填炸药和放炮的作业。

91. 夏季暴雨发生后，房屋哪些现象属于异常，如何处置？

夏季暴雨过程较多，由于暴雨强度大，会对人们的生产生活带来诸多不利影响，一些位于山区的住宅有时候会因暴雨而出现异常问题，从而引发一些意外。房屋结构危险或异常现象主要有以下情况：屋面漏雨；承重结构裂缝、倾斜和不均匀沉降；木结构房屋发出撕裂声音以及院落积水等。

（1）屋面漏雨。可自行采取临时覆盖措施,对严重漏雨的老旧平房,采取临时覆盖措施前,应检查结构损坏情况。存在结构险情的房屋,应由专业人员处理,屋内人员立即转移。

（2）承重结构裂缝、倾斜、下沉。楼房承重结构主要指承重墙、混凝土柱、梁、板和屋架等。平房承重结构主要指承重墙、柱、檩和屋盖等。如发现以上承重结构异常现象,可报管房单位或属地政府主管部门,请他们派人到现场处理。

（3）木结构房屋发出撕裂声音。老旧中式楼房、平房多为木结构承重。如木结构房屋发出撕裂声音,可能存在危险隐患,应避险转移。可报管房单位或属地政府主管部门,请他们派人到现场处理。

92. 你了解夏季"空调病"吗?

盛夏来临,空调成为许多家庭的必备电器。空调是一把双刃剑,在炎炎夏季使人们感受到惬意清凉时,如过分依赖空调会对人们健康造成伤害。

由于夏季天气炎热,长时间吹空调很容易患"空调病"。专家介绍,因为空调房室内外温差较大,经常出入会引起咳嗽、头痛、咽喉痛、流鼻涕等感冒症状;屋内温度如调得较低,衣着单薄会引起关节酸痛、手脚麻木;在空气不流通的空调房呆得过久,容易使人胸闷憋气,头晕目眩。这些症状都是空调综合征,俗称"空调病"。

为预防"空调病"的发生,专家建议:要经常开窗换气,最好在开机 1 至 3 小时后关机;要多利用自然风降低室内温度,使用负离子发生器;室温最好定在 $25 \sim 27$ ℃左右,室内外温差不要超过 7 ℃,否则出汗后入室,会加重体温调节中枢负担,引起神经调节紊乱。

有空调的房间应注意保持清洁卫生,最好每半个月清洗一次空调过滤网;办公桌不要安排在冷风直吹处;若长时间坐着办公,应适当增添衣服,在膝部覆盖毛巾加以保护;下班回家后,先洗个温水澡,自行按摩一番,再适当加以锻炼,增强自身抵抗力。

93. 夏季为何要防触电事故,如何预防?

　　夏季高温炎热,家用电器使用频繁。而在高温高湿季节,人出汗多,手经常是汗湿的,而汗是导电的。所以,在夏季要特别防范触电事故发生,要注意:

　　(1)不要用手去移动正在运转的家用电器,如电风扇、洗衣机、电视机等等,如需搬动,应关上开关,并拔去插头。

　　(2)不要赤手赤脚去修理家中带电的线路或设备,一定要注意切断电源,如果必须带电修理,应穿鞋并戴上手套,注意绝缘措施的防护。

　　(3)对夏季使用频繁的电器,如电淋浴器、电风扇、洗衣机等,要采取一些实用的措施,防止触电,如加装触电保安器(漏电开关)等。

　　(4)如不慎家中浸水,首先应切断电源,即把家中的总开关或熔丝拉掉,以防止正在使用的家用电器因浸水、绝缘损坏而发生事故。其次为切断电源后,将可能浸水的家用电器,搬移到不浸水的地方,防止绝缘浸水受潮,影响今后使用。如果电器设备已浸水,在再次使用前,应对设备的绝缘用专用的仪表测试绝缘电阻。如达到规定要求,可以使用,否则要对绝缘进行干燥处理,直到绝缘良好为止。

　　触电后应采取如下急救措施:

　　(1)发生触电事故时,首先要马上切断电源,关闭开关或用干燥的木棍、竹竿、干布等不导电物挑开电线、电器,或用带木柄(干燥)斧头砍断电线,千万不可用手或潮湿的物体直接推拉触电人员。

(2)在第一时间通过电话通知急救部门,在急救部门未到现场之前,周围人员应及时对伤者采取有效的急救措施:

(3)对呼吸、心跳停止者立即进行口对口人工呼吸及心脏按摩;针刺人中、涌泉、内关穴位,切勿轻易放弃抢救。

(4)恢复心跳呼吸后送往医院做进一步救治,途中要随时注意观察,并且要保持电击部位的伤口清洁。

(5)紧急抢救的方法如下:在心跳骤停的极短时间内,首先进行心前区叩击,连击2～3次。然后进行胸外心脏按压及口对口人工呼吸。具体方法是,双手交叉相叠用掌部有节律地按压心脏,这种做法的目的在于使血液流入主动脉和肺动脉,建立起有效循环。做口对口人工呼吸时,有活动假牙者应先将假牙摘下,并清除口腔内的分泌物,以保持呼吸道的通畅。然后,捏紧鼻孔吹气,使胸部隆起、肺部扩张。心脏按压必须与人工呼吸配合进行,每按心脏4～5次吹气一次,肺部充气时不可按压胸部。

94. 易发生煤气中毒的气象条件有哪些?

煤气中毒期间的气象条件都具有显著特征,通过对多次煤气中毒事件的气象资料分析,发现最易发生煤气中毒的气象条件是:日最低气温持续上升,气温日较差明显偏小;空气湿度持续明显偏高;无风或风力较小的情况下,这时再加上低空有逆温层出现,空气较为平静。在这种特殊的天气条件下,室内外气温相差不大,内外空气对流基本上已处于停止状态,如夜间封火,炉膛温度很低,烟囱里的烟温与室外气温也相差无几,排烟速度极为缓慢,甚至停止排烟,在有风的情况下,便很容易顺着烟筒缝隙排到室内,出现倒灌烟的现象,造成煤气中毒。

95. 风向如何对煤气中毒造成影响?

风向不同,室内外的气压差也不同。如吹南风时,室外南面的气压高于室内,北面的气压低于室内;刮北风时,正好相反。所以,如果煤炉的烟囱是向南伸出的,则刮南风时由于室内外的气压差,就会形成倒烟;若烟囱是向北伸出的,刮北风时就会倒烟。因此,应将烟囱安装在当地冬季最大风频的下风向,且烟囱所在方向安装风斗。这样就可使煤烟通过烟囱时畅通无阻,免遭煤气中毒。另外,有一些居室的烟囱是由房顶伸出的,这样就应安装上风斗,以防刮风时,空气顺着烟囱倒流进室内,形成倒烟而发生煤气中毒。

96. 怎样避免和应对煤气中毒?

预防煤气中毒,最要紧的是给煤气安排好出路,注意室内通风,要经常检查烟囱是否通畅、是否漏气,门窗上应装个风斗。此外,要注意收听收看天气预报,观察风向变化,防止倒风。在容易发生煤气中毒的天气条件下,应提高警惕。在一般寒冷地区,室内取暖的煤炉,也要把烟囱通出室外,经常打开气窗,让室内空气流通。睡觉时,不要使用火盆或炭缸取暖。

万一发现有人煤气中毒,应首先将门窗打开,把病人抬到空气新鲜、温暖的房里,并保持环境安静。轻者饮些热茶,做做深呼吸,多吸新鲜空气。重者若呼吸已停止,但心脏还在跳动时,应立即将患者衣服解开,按呼吸频率做人工呼吸,直到呼吸恢复正常为止。同时,要迅速请医生急救。

97. 利用煤气热水器洗澡时要注意哪些问题?

现在农村推广使用太阳能热水器,但也有一些家庭使用煤气热水器,如果使用不当,很容易发生煤气中毒,因此要注意一些问题:(1)注意通风,要使用排风扇或开启窗户,以免在门窗紧闭情况下,在室内燃烧煤球、木炭取暖而发生煤气中毒也时有发生。因室内缺乏空气对流,燃烧耗氧后,氧气不足致燃烧不全而产生一氧化碳。(2)淋浴时间不宜过长。因煤气燃烧时消耗室内氧气,发生缺氧窒息,或燃烧不全时排放废气增多。

98. 冬季如何预防"暖气病"?

冬季受寒流影响,暖气已成为北方办公场所、居民家庭冬季取暖的主要方式之一。在暖气环境中,门窗紧闭,空气流通不好,当室温过高时,空气湿度偏小,室内干燥,有研究结果表明,当空气湿度低于40%的时候,感冒病毒和其他能引发感染的细菌繁殖速度会加快,也容易随着空气中的灰尘扩散引发疾病。而且,人们为了保暖往往将门窗紧闭,使得室内空气更加干燥、污染加剧,给细菌、病菌的滋生和传播提供了"温床",致使感冒等呼吸道疾病发病率猛增。由于干燥,人们会普遍感到烦躁不安、皮肤发紧、口干舌燥、唇裂上火,有的人甚至会流鼻血。同时,干燥也是肌肤的致命杀手,会加速体内水分流失,使机体纤维失去韧性而导致断裂,从而形成无法恢复的皱纹。另外,室内外温差较大,寒暖交替,易引发感冒,这就是室内的"暖气"所带来的"暖气病"。老年人机体衰退,免疫功能和抵抗力下降,而小孩免疫力和抵抗力较低,因此老年人和小孩是暖气病的高发人群,更需重点预防。

要注意营造舒适的居室小气候。将室温保持在 18～24 ℃之间,湿度 50％～60％为宜,要勤开窗户通风,保持居室内空气新鲜,一般早晚各开窗通风一次,注意避免对流风,每次开窗时间不少于 30 分钟,还要注意保持室内的适宜湿度,最直接的方法就是人工加湿,如室内安置水盆、湿手巾或者往地面洒水等,还可以用加湿器加湿。由于冬季室内外温差大,离开暖气环境时应立即添衣,以防寒气侵袭而致病;进家门立即换掉厚棉衣,以适应室内干热的气温。

99. 夏季高温高湿对家具有哪些影响?

潮湿、闷热的"桑拿天""蒸倒"了不少人,其实家具也难以忍受这种天气。(1)木质家具。高温和潮湿是家具"中暑"的两大诱因。以木质家具为例,当气温达到 28 ℃以上,湿度超过 45％时,其中的甲醛就会成倍释放。在摆放木质家具时,靠墙的一侧一定要留好通风距离。(2)家用电器。"桑拿天"里,打开电视机,常会发现过一会儿才有图像,或者屏幕出现"雪花",这也可能是高温、潮湿天气"惹的祸"。由于电视机内部有大量集成电路板,显像管末端真空抽气口的电压又高达上万伏,其产生的静电极易吸附灰尘。一旦灰尘受潮,就有可能发生短路或漏电现象,威胁家人健康。(3)布艺家具。"桑拿天"里,人出汗较多,最好换上吸水性能好的沙发巾,并经常清洗。或者铺上一些竹垫,一来可以减少家具表面的湿气,二来能让人感觉更加凉爽。床垫的塑料膜包装一定要除掉,否则里面的填充物容易返潮甚至发霉。(4)金属家具。金属家具要经常用棉布和柔和的清洁剂擦洗。家具表面结露时,应及时用干棉布擦拭,防止出现锈蚀。如果出现斑点应及时修补上漆。若已经生锈,可用毛刷蘸机油反复擦拭生锈处,直到锈迹清除为止,注意千万不可用砂纸打磨。(5)藤制家具。潮湿、闷热的天气容易使藤条的缝隙滋生霉菌,所以,一定要注意室内通风,并定期清洗藤制品。

100. 夏天是什么时候开窗都合适吗?

夏季高温高湿的天气使人难受,同时也会对家具的保养造成影响,开窗通风不仅可以使室内降温除湿,而且也有利于有害气体如甲醛等气体的排除。所以要注意室内的通风、除湿和降温,但并不是什么时候开窗都合适。"桑拿天"的中午时分,室外空气湿度处在最高值,不宜开窗,而下午或傍晚时气候相对干燥,是开窗调节室内空气的最佳时段。

101. 潮湿会对家用电器造成哪些不利影响?

空气湿度大,对家用电器的保养非常不利。首先,空气湿度很大时,会使家用电器电路绝缘性能降低;严重时,电器上会出现小水珠,造成短路和漏电,引起零件烧毁或触电事故。(2)空气潮湿会造成家用电器金属外壳生锈,不仅影响美观,而且电路中元器件生锈会造成电气参数改变和电路断路等故障,机械部分生锈使机械强度降低,运动不灵活。机械部分生锈后运动阻力增大还会使电器负荷增加,引起电气故障。(3)电视机、音响设备的电器元件繁多,容易因锈蚀出现管脚断开或虚焊故障;录像机、录音机、照相机机械部分精密,预防机件生锈特别重要;电子表、电子计算器集成电路管脚密集,最容易因潮湿发生绝缘不良和短路现象。(4)洗衣机、电热杯、电熨斗及电炊具等经常与水接触的电器,不可把水溅到电阻丝和电源线接头上,以免发生漏电。使用电淋浴器洗澡时,不要触摸淋浴器金属部分,全身淋湿后触电是很危险的。电褥子最怕潮湿,潮湿或小孩尿床后有可能发生漏电现象。